DOMAINE D'HÉTOMESNIL.

HISTORIQUE

DE

L'EXPLOITATION DE M. VASSELLE,

PROPRIÉTAIRE DE CE DOMAINE,

Maire et Conseiller d'arrondissement;

PAR

M. VITARD

SE TROUVE :

BUREAUX DU *GUIDE VICINAL*, RUE SAINT-JEAN, 76, A BEAUVAIS.

1862.

DOMAINE D'HÉTOMESNIL.

HISTORIQUE

DE

L'EXPLOITATION DE M. VASSELLE,

PROPRIÉTAIRE DE CE DOMAINE,

Maire et Conseiller d'arrondissement.

PAR

M. VITARD.

———⊷I·O·I⊷———

SE TROUVE :

BUREAUX DU *GUIDE VICINAL*, RUE SAINT-JEAN, 76, A BEAUVAIS.

1862.

Beauvais. — Imprimerie d'Achille Desjardins.

DOMAINE D'HÉTOMESNIL.

HISTORIQUE DE L'EXPLOITATION DE M. VASSELLE,

PROPRIÉTAIRE DE CE DOMAINE.

M. Vasselle, nous dit-on quelquefois, que vous cit...
souvent comme un des agronomes qui honorent le Beauvaisis, est-il un bon exemple à donner aux cultivateurs
ordinaires? Peut-on conseiller, même aux plus intelligents, de suivre la voie dans laquelle il est entré? Quels
enseignements véritablement utiles peut-on trouver
dans son exploitation? Lui rapporte-t-elle des bénéfices?
Vous a-t-il fait connaître le chiffre de ses profits?

Devions-nous répondre, une bonne fois pour toutes,
avant d'avoir fait l'historique sommaire du Domaine
d'Hétomesnil et de la ferme de La Houssoye? Non; ce
que nous allons dire devra suffire aux hommes qui cherchent à s'éclairer; qui aiment sincèrement ce qui est
beau et bon; qui accordent leur estime à ceux que distinguent les bonnes qualités, l'étude incessante du progrès, l'amour, nous pourrions dire la passion du bien.

Importance de l'exploitation.

M. Vasselle exploite son domaine d'une contenance de (1) . . . . 169 hect.
et la ferme de La Houssoye-sur-Crevecœur   76
Total   245

(1) *Guide vicinal*, 1857, page 107.

Le domaine d'Hétomesnil, situé au point de partage des bassins du Thérinet et de Laselle, est traversé ou longé par d'excellentes voies de communication qui conduisent à Crevecœur, à Grandvilliers, à Marseille et à Beauvais (1).

Le sol étant plutôt argileux que siliceux, excepté à l'Est où se trouvent des terrains argilo-sablonneux avec galets, la culture du Domaine est généralement facile.

Grâce à de nombreux et judicieux échanges, à des acquisitions successives, M. Vasselle a arrondi sa propriété de telle sorte qu'il n'a que de courtes distances à parcourir pour l'exploiter, et qu'il circule librement dans toutes les parties du Domaine sans être obligé de passer sur personne. Il évite ainsi bien des embarras et économise un temps précieux pour tous ses transports.

Commerce des produits agricoles.

Les céréales des deux exploitations sont vendues à Grandvilliers et à Beauvais.

Le beurre, les œufs, les volailles sont expédiés sur Paris.

La plupart des bestiaux sont vendus sur place, excepté les porcelets qui sont le plus souvent portés au franc-marché de Grandvilliers.

Main-d'œuvre.

Si les ouvriers ne sont pas précisément rares, les bons aides agricoles deviennent de jour en jour plus difficiles à trouver. Cela tient à la fabrication des tissus mérinos que les ouvriers préfèrent aux travaux des champs. Les bonnes servantes sont excessivement rares, pour ne pas dire introuvables.

Prix de la journée des hommes et des femmes aux différentes époques de l'année.

On donne 22 fr. par mois en moyenne aux domestiques à

---

(1) Distance de Grandvilliers : 8 kilom.; de Crevecœur : 4 kilom.; de Beauvais : 26 kilom.

gages. Les hommes de journée gagnent de 1 fr. 75 c. à 2 fr. 25 c. en été, et les femmes 1 fr. 25 c., (non nourris).

En hiver, les uns et les autres gagnent 25 c. de moins par jour.

Production du Domaine.

Le pays produit principalement des céréales et des fourrages.

Grâce aux sages conseils et à l'initiative des principaux membres du Comice agricole de Grandvilliers, M. Vasselle, qui en fait partie, a introduit dans son exploitation, la culture de la carotte, de la betterave, de la pomme de terre (notamment de l'espèce dite chardon), des navets turneps et gros longs d'Alsace. L'exemple de M. Vasselle est suivi par bon nombre de ses voisins d'Hétomesnil.

La plupart des cultivateurs du pays élèvent leur bétail.

Dans le but de leur être agréable, et en vue principalement de contribuer de tout son pouvoir à l'amélioration des races, l'intelligent propriétaire du Domaine met à leur disposition, moyennant un prix modique, de magnifiques reproducteurs des espèces bovine, ovine et porcine, qui ont été primés dans un grand nombre de concours.

On a pu apprécier, sur place, les effets des différents croisements. Ainsi on a eu :

Par l'espèce bovine, des produits durham-flamands et contentins-durham ;

Par l'espèce ovine, les produits du mérinos, du métismérinos, du mérinos-Mauchamp avec les races anglaises Dishley, New-Kent et South-Down ;

Par l'espèce porcine, les produits de truies indigènes avec des verrats Hampskire, Essex, Yorkshire, Misdlesex et New-Leicester.

Les étalons du dépôt impérial de Braisne sont reçus chez M. Vasselle, en station. Il y avait avant 1861, un pur-sang anglais et un demi-sang ; mais, depuis 1860, le demi-sang a été remplacé, sur la demande de M. Vasselle, par un cheval de trait.

La basse-cour est composée d'oies de Toulouse, d'Egypte ou de Guinée, variété grise à becs noirs; de canards de Normandie, de Barbarie, de l'Inde, de coqs et de poules Brahma-Poutra, Cochinchinois blancs et fauves, de Crèvecœur, de Houdan, de La Flèche, Dorking; de quatre variétés de Padoue, d'Andalous, de Caux, de Gournay, crêtes droites, coucous de Crèvecœur (Oise), etc. Dans le pigeonnier, garni de variétés croisées avec les voyageurs, se trouvent des pigeons roux à têtes blanches, etc.

Vaine pâture.

A Hétomesnil, M. Vasselle a un troupeau particulier que son berger conduit, après l'enlèvement des récoltes jusqu'à l'approche de l'hiver, sur les terres soumises à la vaine pâture. Ses moutons passent la nuit au parc, pendant environ cinq mois de l'année.

Bâtiments.

Avant 1851, époque à laquelle M. Vasselle devint propriétaire, comme héritier de son aïeul paternel et co-propriétaire avec sa mère, par suite d'échanges faits avec son oncle, tous les bâtiments étaient construits en bois, terre et chaume. L'état de vétusté dans lequel se trouvaient ces bâtiments et leur mauvaise distribution le déterminèrent à reconstruire entièrement le corps de ferme, dont le plan ci-joint donne une idée assez complète pour que nous nous dispensions d'entrer à ce sujet dans des détails qui seraient beaucoup moins concluants que la vue du beau Domaine d'Hétomesnil.

Moyens de transports.

Les chevaux sont attelés au moyen de colliers, et les véhicules employés sont des fourgons pour le transport des fumiers, des chariots pour celui des récoltes et des tombereaux pour celui des racines, des tubercules et de divers matériaux et amendements.

Assolements.

L'assolement du pays est triennal, mais on ne le pratique pas régulièrement sur le Domaine.

A cet égard, M. Vasselle suit son inspiration. Il prépare la terre pour telle ou telle plante, il cherche à lui confier celles qui lui conviennent le mieux alternativement, au lieu de lui dire, suivant l'ancienne et funeste routine : Tu produiras invariablement du blé, de l'avoine ou de l'orge, du trèfle ou des grains traînants, tels que bisaille ou vesce, ou tu resteras en jachère, et tous les trois ans tu feras la même chose.

Amendements employés sur le domaine.

A l'aide de la marne que M. Vasselle a pu se procurer dans le sous-sol et qu'il a fait répandre sur presque tout le domaine, dans la proportion de 45 à 60 mètres cubes à l'hectare, à raison de 1 franc 10 centimes le mètre cube, il a tout naturellement rendu ses terres plus perméables, plus faciles à cultiver et plus propres à produire notamment des plantes fourragères qui, avant cette opération, ne donnaient que de très-maigres produits.

Les belles récoltes de prairies artificielles qu'il a obtenues depuis, ont permis de bien nourrir un bétail nombreux et de faire assez de fumiers pour supprimer complètement la jachère, sans nuire au rendement des céréales. Dans les terres ainsi amendées, les blés mûrissent plutôt que dans les terres laissées précédemment en jachère. Pour expliquer comment il a été amené à rompre avec les habitudes invétérées du pays, en ce qui a rapport aux jachères, voici ce que nous a dit M. Vasselle :

« J'étais bien jeune encore, lorsque Madame la comtesse de Larochefoucauld fit cette question à mon aïeul paternel : « Pourquoi les cultivateurs laissent-ils des terres en jachère « lorsque les jardiniers font produire tous les carrés de mon « jardin chaque année? C'est parce que les cultivateurs « manquent de fumier et que les jardiniers trouvent le moyen « de s'en procurer, » répondit mon grand-père.

« Cette réponse m'a éclairé, et j'ai agi en vue de faire assez de fumier pour ne pas être forcé de laisser une partie de mes terres en jachères. »

M. Vasselle a remarqué que l'effet de la marne se fait sentir dans ses terres pendant environ vingt-cinq ans.

Dans les terres à sous-sol argileux, il n'est pas partisan d'un marnage à forte dose. Cette opération a, selon lui, l'inconvénient de faire déchausser les blés. Il emploie le plâtre, la cendre de tourbes, la cendre vitriolique sur les prairies artificielles et quelquefois sur les grains. Ces amendements ont pour effet d'augmenter la production, et de procurer aussi des *vivres* (1) aux céréales qui succèdent aux plantes sur lesquelles on les a répandus.

M. Vasselle emploie, par hectare, 2 hectolitres 50 litres de plâtre, dont le prix de revient est de 2 francs l'hectolitre, pris en gare à Breteuil, 9 hectolitres de cendre à 1 franc l'hectolitre, à Beauvais. On renouvelle ces amendements chaque année sur les luzernes et sur les sainfoins, tandis qu'il s'écoule, au moins, un espace de six ans avant que les prairies annuelles reparaissent avec succès à la même place. Il a employé souvent aussi la cendre de tourbe et il s'en est bien trouvé; mais les difficultés qu'il éprouve à trouver des ouvriers pour les faire semer lui en font restreindre l'emploi.

Parcage.

Avant la moisson, les moutons rendent en engrais à la terre, ce qu'elle leur a donné, soit en prairies artificielles, soit en dravière, c'est-à-dire en mélange de vesce, bisaille et avoine, et lorsque la vaine pâture leur fournit leur nourriture, ils parquent alors des terres qui ont produit une récolte à laquelle doit succéder un blé.

Drainage.

« Je crois", dit M. Vasselle, à l'efficacité du drainage dans
« les terrains humides où la semence est souvent exposée à
« pourrir; mais je n'ai pas de terres qui se trouvent dans ces

---

(1) Cette expression, employée par M. Vasselle, nous a paru rendre parfaitement sa pensée.

« conditions. La marne et les labours profonds rendent la
« terre assez spongieuse, assez perméable pour favoriser la
« végétation et rendre superflus les frais de drainage.

« Un essai de drainage, que j'ai fait dans une cave à ra-
« cines, travail exécuté en pierrailles, a produit un très-
« bon effet. »

Labours.

Les instruments du labourage sont : 1° La charrue picarde,
2° la fouilleuse Bazin, 3° la charrue Wasse et l'extirpateur
Gratien-Honnet. C'est un extirpateur sur bâtis en bois, im-
porté par M. Vasselle, à Hétomesnil, en 1845, qui a donné
aux sieurs Gratien et Honnet l'idée d'en construire un autre
en fer, sur quatre barres au lieu de deux, afin d'éviter le
bourrage.

Excepté pour les labours d'hiver et ceux de prairies artificielles qui exigent trois ou quatre chevaux, presque tous
les autres labours se font à deux chevaux.

La fouilleuse exige aussi deux chevaux.

Le travail de l'extirpateur (qui est de la plus grande dimen-
sion) exige quatre, cinq et même quelquefois six chevaux,
selon qu'il sert à donner un premier ou des seconds labours.

On se sert généralement de la charrue pour le premier
labour.

Lorsque la terre est légère à l'époque des semailles, on
emploie la charrue comme binot, afin de recouvrir la semence
et de tasser le sol.

L'extirpateur est employé avec beaucoup de succès pour
détruire les mauvaises herbes, pour faire les semailles de
mars et une grande partie des semailles d'hiver.

L'effet de la fouilleuse est surtout remarquable dans la
culture des racines pivotantes (1).

Profondeur des labours.

La profondeur des labours varie suivant le sous-sol, et cette

______

(1) Nous appelons l'attention des cultivateurs intelligents sur ce point.

profondeur a été augmentée progressivement au fur et à mesure que l'on a pu se procurer une plus grande quantité d'engrais. Tous ces labours sont exécutés à plat.

Le nombre des façons varie suivant l'état du sol et la nature de la semence qu'on veut lui confier.

Jusqu'en 1860, M. Vasselle avait fait la plus grande partie de ses semailles à la volée.

Il emploie le semoir pour les carottes. Ce semoir a très-bien réussi pour le blé, en permettant de faire une économie de semence de près de 55 pour cent; mais M. Vasselle avait tenu à s'assurer du résultat avant d'adopter définitivement le nouveau mode sur une plus grande échelle.

Aujourd'hui, tout est semé au rayonneur Smith, et nous avons pu nous assurer que ce mode de procéder a été apprécié dans le pays. Il y a là une véritable révolution que nous prêchons depuis dix ans, ne parvenant à convaincre que les meilleurs esprits, et bien lentement encore.

Préparation des semences.

M. Vasselle se sert d'un tarare pour préparer les semences. Il fait quelquefois éplucher ses blés en gerbes à la main. Il emploie un litre et demi de chaux pour le chaulage d'un hectolitre de blé.

Autrefois, il chaulait son blé dans un cuvier; maintenant, pour abréger la besogne, il place un petit baquet au-dessus du tas de b'é qu'il veut chauler; il y met d'abord la chaux; il y verse ensuite de l'eau de marc chaude pour l'éteindre promptement; il y ajoute la quantité d'eau froide nécessaire pour que le grain puisse renfler le plus possible; il répand cette eau de chaux sur le blé qu'il remue de façon à ce que la masse en soit bien imprégnée. Il laisse ce blé en tas pendant quarante-huit heures, afin que la fermentation concentrée qui se produit à l'intérieur du tas, détruise le germe des grains malsains et prévienne la carie.

Mais, dit-il, je me garde bien « de laisser mon blé plus « longtemps en tas, car une trop grande fermentation dé-

« truirait aussi les propriétés germinatives des bons grains.

« Mes aïeux étaient convaincus que, toutes les fois que cette
« opération était bien faite, leurs blés étaient préservés de
« la carie, tandis que ceux de leurs voisins, qui ne prenaient
« pas les mêmes précautions, récoltaient souvent des blés
« atteints de cette maladie (1). Depuis que j'ai adopté le se-
« moir Smith, je chaule avec du vitriol. »

M. Vasselle employait, autrefois, trois hectolitres de blé
chaulé à l'hectare. Même quantité pour la bisaille; pour
l'avoine, deux hectolitres soixante-quinze; deux hectolitres
et demi pour la vesce et le seigle, et un hectolitre et demi
pour l'orge. Pour le sarrazin il met encore soixante litres de
semence à l'hectare.

Il sème la plus grande partie de ses blés dans les trois premières semaines d'octobre; les vesces, les bisailles, les
féverolles destinées à porter graine, le plus tôt possible, quelquefois vers la fin de février. Il en est de même pour les
avoines qui succèdent à des prairies artificielles, tandis qu'il
sème habituellement les autres du 15 mars au 20 avril.

Il plante et butte ses pommes de terre à la charrue. Il
fait aussi quelquefois repiquer des colzas à la charrue, mais
il ne cultive cette plante que dans les terres où il craint d'avoir
du blé versé.

« Si je donnais une grande extension à cette culture, dit-
il, je récolterais moins de fourrage, je nourrirais moins de
bestiaux et ferais, par conséquent, moins d'engrais. Je réa-
liserais, sans doute, plus promptement, quelques bénéfices,
mais ce serait au détriment de ma terre. »

Entretien et culture des plantes pendant leur croissance.

« Lorsque le temps le permet, continue M. Vasselle, je fais
herser et rouler mes blés, après l'hiver, et quand cette opé-

---

(1) Nous reviendrons sur cette grosse question de la carie des blés.
Nous différons d'opinion sur ce point, avec M. Vasselle; nous dirons
pourquoi.

ration est exécutée dans de bonnes conditions, elle donne toujours d'heureux résultats. » Il fait aussi herser, rouler et poutrer ses avoines. Il passe la houe à cheval entre les lignes de betteraves et de carottes. Il se procure difficilement des bineurs. Cependant, il paie pour les trois façons que l'on donne aux betteraves, de 65 à 70 fr. l'hectare, et 80 fr. pour les carottes.

Moisson.

« Ce n'est pas sans peine, ajoute M. Vasselle, que j'ai déterminé mes moissonneurs à substituer la sape à la faucille. Je leur ai donné les premiers instruments et maintenant la sape a la préférence. Ils gagnent du temps, je gagne des bottes que la faucille laissait dans les champs et dont les moissonneurs profitaient plus tard en râtelant les chaumes pour couvrir ou plutôt *rebroquer* les toits de leurs bâtiments. »

« Je paie 150 litres de blé muison par hectare de seigle et de blé, et 125 litres pour tous les autres grains. »

« Lorsque je fais abattre les avoines à la faux, soit par mes calvaniers, soit par des tâcherons qui prennent de 7 à 10 francs par hectare, je paie aux moissonneurs, pour ramasser et lier, 37 litres et demi de blé à l'hectare. »

« Quoique ces prix permettent aux moissonneurs de faire de bonnes journées, leur nombre diminue chaque année, et si cela continue, je serai obligé, comme la plupart de mes voisins, de courir aux gares des chemins de fer pour y chercher des sapeurs, lorsqu'ils reviennent des environs de Paris (1).

---

(1) M. Vasselle, qui aime le progrès, qui propage avec bonheur les bonnes méthodes agricoles, ne tardera pas, nous l'espérons, à se procurer une ou deux moissonneuses, une faucheuse et une faneuse. Il pourra alors se dispenser de recourir aux sapeurs étrangers. L'exemple de M. Durand, de Bornel, prouve chaque jour qu'un maire intelligent est à même de faire profiter ses administrés des avantages que permet d'obtenir principalement une moissonneuse. Noblesse oblige. M. Vasselle ne peut désormais s'arrêter dans la voie où il est entré ; car ne pas marcher, c'est reculer.

« La moisson se fait ordinairement du 25 juillet ou 1ᵉʳ septembre. »

Fenaison.

« Les prairies artificielles sont coupées par des tâcherons du pays moyennant 10 francs de l'hectare et la fenaison se fait à la journée. Je préférerais la faire faire en tâche par mes moissonneurs; mais tant qu'ils seront alléchés par les prix élevés de la fabrication des tissus mérinos, ce ne sera pas facile. Autrefois, on mettait le foin des prairies articielles en meulettes; maintenant je fais faire des demi-bottes au râteau, puis lier lorsque la dessiccation est assez avancée, et mettre en chaîne; je passe ensuite le râteau à cheval. »

« Je fais arracher mes pommes de terre à la charrue; des journaliers les ramassent. »

« L'arrachage des carottes et des betteraves se fait assez promptement par les particuliers du pays à qui j'abandonne les queues, pour prix de main-d'œuvre. »

« Grâce à mes constructions, j'engrange toute ma récolte et je n'ai plus à redouter ni à subir les inconvénients des meules. »

« Depuis quatre ans, je me sers d'une machine à battre mue par trois chevaux demi-sang qui font très-bien le service. »

« Les ouvriers employés à la machine sont à la journée et nourris chez moi, tandis qu'autrefois ils battaient au fléau, au vingtième pour le blé, et pour l'avoine à raison de 25 centimes par hectolitre et demi. »

« Je préférerais qu'ils fussent encore à leur tâche aujourd'hui; mais jusqu'à ce jour, ce n'était guère possible, à cause des changements de travaux que mes constructions occasionnaient à chaque instant. »

Pour le nettoyage des grains, le crible à main est remplacé par le tarare.

Des courants d'air, indiqués au plan, sont ménagés dans les murailles des greniers pour la conservation des grains.

A Hétomesnil, la plupart des racines sont empilées dans une cave drainée et des courants d'air sont ménagés pour prévenir leur décomposition. A la Houssoye, on les met en silos.

*Renseignements sur la manière dont sont cultivées les diffé-
rentes plantes alimentaires, fourragères ou industrielles qui
entrent dans l'assolement du domaine.*

« La plupart des terres destinées à produire des céréales
d'hiver, reçoivent dans le courant de l'hiver précédent une
bonne fumure de 25 voitures à 4 chevaux par hectare. Ce
fumier est enfoui le plus tôt possible et je sème souvent sur
un seul labour et à la herse, des vesces, des bisailles, des
féverolles, etc. Après l'enlèvement de ces plantes, j'emploie
la charrue, l'extirpateur, la herse et le rouleau pour préparer la terre. »

« Je ne donne aux trèfles qu'un labour sur lequel je sème,
je herse, je roule, je hérissonne, etc. »

« Je sème les luzernes et le sainfoin dans de l'orge et quelquefois du sarrazin, après de profonds labours suivis de nombreuses façons ; mais le succès est toujours plus certain lorsqu'on sème dans une terre bien préparée, et dans laquelle on
ne met pas d'autre plante à récolter la première année. Le
trèfle ordinaire et le trèfle blanc se sèment au moment où je
herse les avoines, et le trèfle incarnat sur un labour donné le
plus souvent après une récolte de seigle ou d'escourgeon. »

« Je sème aussi quelquefois du trèfle dans du blé après betteraves et carottes, à l'époque du hersage et du roulage qui
ont lieu après l'hiver. »

« Lorsqu'une portion de terrain ne me paraît pas assez
propre pour être ensemencée de bonne heure, je la réserve
pour y conduire mon fumier après les semailles de mars. J'y
sème des colzas après la destruction du chiendent. J'ai semé
aussi quelquefois des colzas avec de la jeune luzerne semée au
mois de juillet. Dans l'hiver, le colza abritait la jeune luzerne.
Après la récolte du colza, les luzernes allaient très-bien. »

« J'ai cultivé, par comparaison, de nombreuses variétés de
blé, notamment le blé Louis-Napoléon, de Dantzick, Gouvion,
Crépelle, Willams, Goutte d'or des Anglais, Blé Roccard,
Northampton, Chevallier, Rouge d'Ecosse, Standard, roux an-

glais, d'Australie, d'Afrique, d'Irlande, de Suède, et Bazin. »

« C'est le blé rouge d'Ecosse et le blé blanc d'Australie qui ont donné les meilleurs résultats. Semé tard, le blé rouge d'Ecosse réussit mieux que le blé d'Australie. »

« Ce dernier m'a été fourni en petite quantité, en 1854, par M. de La Chaise, vice-président de la société d'agriculture de Beauvais. »

« Tous les cultivateurs qui m'ont acheté de la semence en 1856, ont été très-satisfaits en 1857 et 1858 de son rendement en paille et en grain. »

« Cette variété est très-recherchée par les fariniers. Semée en 1857, après un trèfle qui n'avait été ni fumé, ni parqué; il avait seulement été cendré; elle m'a donné 38 hectolitres à l'hectare.

« Le blé rouge a donné 40 hectolitres, la première année; on n'obtient pas souvent d'aussi beaux résultats.

« Après, viennent la goutte d'or des Anglais et le blé Bazin. Toutes ces espèces sont bien supérieures aux anciennes variétés du pays.

« Plusieurs espèces d'avoine ont été essayées sur le Domaine. Celle dite de Smyrne, qui m'a été procurée par M. Emile Pavie, a très-bien réussi, ainsi qu'une autre espèce noire, à grain court, ressemblant à l'avoine de Brie, avec cette différence que le panicule est en équilibre et que la paille est meilleure.

« L'avoine blanche donne aussi de bons résultats, mais elle provoque généralement une salivation excessive : elle se broie difficilement sous la dent des chevaux. »

M. Vasselle a obtenu d'abondantes récoltes de navets après une récolte de trèfle incarnat, bonne fumure, labourage succédant immédiatement, hersage et roulage.

Donnons la parole à M. Vasselle :

« Je cultive aussi le trèfle incarnat tardif avec lequel je mélange assez souvent un peu de vesce d'hiver et de blé ou d'escourgeon, ce qui donne presque toujours des récoltes très-abondantes.

« J'ai essayé le sorgho. Pendant les deux premiers mois, sa végétation est languissante, ensuite elle devient vigoureuse. Tous les bestiaux mangent cette plante avec avidité et s'en trouvent bien. Cependant, le binage qu'elle paraît exiger nuira sans doute à la propagation de sa culture dans les pays où il y a pénurie d'ouvriers. On préférera continuer les mélanges de vesce, bisaille et avoine.

« Je herse quelquefois les luzernes, le sainfoin, et je les fais toujours poutrer après l'hiver, pour étendre les taupinières.

Vigne.

« Je ne cultive la vigne que dans mon jardin. Depuis trois ans, j'en ai planté quarante-huit variétés afin d'être à même d'apprécier celles qui conviennent le mieux au climat. En 1858, j'ai obtenu des produits très-remarquables, inconnus jusqu'à ce jour dans notre contrée, surtout du précoce malingre et du chasselas rose.

« Mon jardin est ouvert tous les jours aux élèves de la première division de l'école communale, où ils viennent prendre, sous la direction de leur instituteur, des leçons d'horticulture et d'arboriculture. Là, on leur indique le nom des nombreuses variétés de fruits que je cultive dans le but de propager les plus savoureuses espèces. Les arbustes, les plantes et les arbres verts sont étiquetés pour que les élèves se familiarisent avec leurs noms botaniques et leurs noms vulgaires.

Des espaliers hautes tiges sont plantés tout autour des constructions de la ferme, même sur la route et sur la rue. Je ne voudrais voir, nulle part, un coin de terrain inoccupé ni une belle exposition négligée. Je prêche par l'exemple, et je trouve des imitateurs. »

C'est ici le cas de faire remarquer que M. Vasselle a le rare mérite d'avoir préparé les voies à tous les hommes de progrès. Tout ce que l'on a pu faire de bien, dans nos environs, a été essayé par cet honorable agriculteur qui fait, à notre avis, d'une grande fortune, le plus bel usage qu'on puisse désirer.

M. Vasselle n'est rien moins qu'un spéculateur. Au lieu de thésauriser, au lieu d'entasser des pièces de vingt francs, de jouer à la Bourse, d'entretenir des maîtresses, d'afficher un luxe ruineux, il emploie dignement ses revenus en véritable patriarche, donnant d'excellents exemples profitables à tous, honorant la noble profession que d'autres dédaignent.

Après cette digression, rendons la parole à M. Vasselle :

Arbres à cidre. — Culture. — Fabrication. — Arbres divers.

« J'établis des pépinières d'arbres à cidre pour remplacer ceux qui meurent et pour faire de nouveaux plants. J'ai fait venir de Normandie des greffes des meilleures espèces. J'ai planté dans mon jardin, deux cents variétés de poires provenant des pépinières de MM. Jamin et Durand, de Bourg-la-Reine, Gressent et Dauvesse, d'Orléans, et Leroy, d'Angers.

Ces pépinières m'ont aussi fourni cent dix variétés des meilleures pommes, quarante et une espèces de cerises, vingt-neuf variétés de pêches, trente variétés de prunes, sept variétés d'abricots, douze variétés de groseilles, et sept variétés de framboises.

« Pour obtenir du bon cidre, il est essentiel de ne pas récolter les fruits trop tôt et de le fabriquer lorsque les pommes sont bien parées, mais il ne faut pas attendre qu'elles pourrissent.

« Je les écrase dans une pille avec une meule en bois et je me sers de deux presses en fer pour extraire le jus. En sortant de la presse, un tuyau en toile imperméable conduit le cidre dans des foudres qui contiennent 25 hectolitres.

Mûriers.

« Je n'en ai qu'un dans mon jardin.

Bois.

« Les essences qui dominent sont le chêne, le hêtre, le charme, le bouleau et le tremble. J'ai fait planter des érables des montagnes, des châtaigniers, des frênes, des ormes, des mélèses, des épicéa, des pins du Lord, des pins sylvestres.

« Je coupe la basse futaie tous les quinze ans et je réserve tous les arbres d'une belle venue.

Cultures diverses.

« La spergule géante a produit peu de fourrage.

« La moutarde blanche m'a donné de meilleurs résultats ; les vaches la mangent avec avidité.

« Le topinambour produit beaucoup. Les porcs ne l'aiment pas. Il a le grand inconvénient de se reproduire longtemps à la même place.

J'ai formé des herbages autour de mon habitation pour y élever des animaux en liberté. Tantôt je fume ces herbages, tantôt je les parque, tantôt je les arrose avec du purin. Des tuyaux y conduisent aussi le trop plein de la mare de ma cour. J'y ai fait des plantations de diverses essences.

Animaux domestiques. — Chevaux.

« A ma sortie du collège, en 1831, tous les chevaux que ma mère employait à sa culture, appartenaient à la race flamande et à la race boulonnaise.

« J'étais bien jeune quand le goût de l'élève du bétail et des plantations se fit sentir. Je commençai à faire produire cinq ânons à une ânesse que je montais quand j'allais, avec mes bons camarades du pensionnat de Crevecœur, tenu par M. l'abbé Couvreur, faire la partie de tamis au château de Fontaine-Lavaganne, où nous rencontrions les élèves de Gandéchard. Je ne tardai pas à faire saillir mes juments.

« Ayant à ma disposition des étalons rouleurs de gros trait, je m'en servis et j'obtins quelques poulains communs, de bonne nature et bons travailleurs. La fluxion périodique se déclara chez plusieurs, à l'âge de trois à quatre ans ; ils devinrent aveugles. Je conçus alors l'idée, pour combattre cette affection, d'essayer un croisement avec un étalon pur-sang anglais attaché au dépôt du bois de Boulogne, nommé *Vestris*, et avec un trotteur irlandais nommé *Saint-Patrick*.

« Je fis conduire des juments au Wallalet-Fouilloy, où ces étalons étaient en station chez M. le comte Dary ; les années suivantes, le pur sang *Peters* vint faire la monte chez moi. Le dépôt de Braisne me confia le célèbre *Nuncio*, le demi-sang *Etna* et *Impartial*. Ce dépôt ayant cessé d'envoyer des étalons dans l'Oise, je me servis de *Turck*, carrossier remarquable à M. de Morgan. Quatre de ses fils nés chez moi devinrent des étalons approuvés. Le meilleur, *Turckmann*, fut primé dans plusieurs concours, où son propriétaire, M. Délienne, le présenta. Ils furent élevés par M. de Boismont, maire à Tours (Somme). En 1852, j'ai reçu l'anglo-arabe *Bravo* qui ne fit pas un seul poulain sur cinquante juments qu'il eut à saillir à la station d'Hétomesnil. J'eus la même année, pendant quelque temps, le demi-sang *Champion*. En 1853 et 1854, j'eus le pur sang *Friedland*, ensuite les demi-sang *Lutin*, *Interprète* et *Tourouvre*, les pur sang *Bataclan*, *Emilien*, *Faust*, *Comte-Ory* et *Fagus*; les chevaux de trait *Hercule* et *Faraud*.

« J'entrai *seulement* dans les vues du gouvernement en faisant naître le cheval de guerre, produit par l'accouplement des chevaux anglais.

« J'ai essayé le pur sang anglais jusqu'au quatrième croisement avec des pouliches issues d'étalons pur sang. J'obtenais, à chaque degré, plus d'élégance et de vitesse, mais je perdais aussi proportionnellement la force et la douceur qui constituent le mérite des chevaux de trait. Pour élever avec profit ces chevaux légers, il faut avoir de vastes pâturages dont le sol ne soit pas avantageux pour la culture des céréales. Je ne suis pas placé dans ces conditions. Il faut, dans ma position, que mes poulains puissent commencer à faire un facile travail, à deux ans. Quelques mécomptes ne m'arrêtèrent pas, et je continue mes essais ; mais, je restreins beaucoup la production du cheval léger.

« J'ai remarqué que l'étalon pur sang reproduit presque toujours ses jambes avec leurs défauts et leurs qualités, notamment la conformation du sabot. Il donne aussi son caractère. Il corrige difficilement au premier croisement la mauvaise conformation de la tête des poulinières ; mais ce défaut disparaît souvent au second lorsque l'étalon a une belle tête. La mère communique son tempéramment et souvent sa conformation.

« L'introduction du sang anglais n'a point détruit le principe de la fluxion périodique. Elle m'a empêché de vendre beaucoup de mes élèves à la remonte. Mon aïeul paternel, qui avait aussi fait naître une partie de ses chevaux, avait subi les mécomptes que cette maladie cause aux éleveurs. Il remarqua qu'elle n'était pas invariablement héréditaire. Les mêmes faits se reproduisirent chez mes élèves et dans les mêmes écuries : elles étaient peu éclairées, les planchers étaient bas. Je pensai que ces mauvaises conditions étaient la cause principale de ces fréquents accidents, qu'il ne fallait les attribuer ni au climat ni à l'hérédité.

« En 1854, je fis reconstruire mes écuries, et, depuis cette époque, une seule bête, dont la mère et la grand'mère voient clair, a perdu la vue par suite de la fluxion périodique. J'attribue cet accident à un refroidissement subit. La plupart des chevaux qui proviennent d'une forte jument de trait et d'un bon cheval du pur sang, n'ont pas toujours une conformation bien proportionnée ; mais ils sont solides et infatigables. Je suis convaincu qu'ils doivent faire un très-bon service dans la grosse cavalerie et dans l'artillerie. Ils ne refusent jamais de marcher. Ils fournissent, sans s'arrêter, une course de 40 kilomètres, et le fouet est aussi inutile à la fin du parcours qu'au commencement. Malheureusement, on ne trouve pas facilement dans notre pays, d'hommes assez intelligents, assez prudents et assez patients pour les dresser convenablement.

« Les bons reproducteurs demi-sang sont rares. Cela tient sans doute à l'origine de leur mère. Lorsque l'on accouple ces étalons avec des poulinières défectueuses, les produits sont souvent inférieurs à ceux que produirait, dans les mêmes conditions, un bel étalon de gros trait. Chez ces produits, l'œil est moins ouvert, les tendons moins forts, les jarrets moins larges que chez les produits du pur sang.

« Les meilleurs chevaux que j'aie obtenus avec les demi-sang, provenaient de poulinières qui, déjà, avaient du sang anglais.

« Les conditions dans lesquelles je me trouve et les résultats que j'ai obtenus, me font penser que j'ai plus davantage à élever le cheval de trait amélioré et le gros cheval de trait que le cheval propre à la remonte, surtout pour la cavalerie légère.

« L'écoulement des gros poulains est plus facile, les accidents sont moins préjudiciables et le dressage plus prompt.

« Ces motifs m'ont déterminé à remplacer, en 1860, une partie de mes poulinières par de fortes juments percheronnes, dont la taille moyenne est de 1 m. 60 c., et le prix moyen 1,000 fr. Je me sers aussi depuis longtemps, pour ma culture et comme poulinières, de juments boulonnaises et cauchoises dont la taille moyenne est de 1 m. 55 c. Je conserve également des juments demi-sang, nées chez moi, dont la taille moyenne varie de 1 m. 54 à 1 m. 60.

« Le plus sûr moyen de ne pas perdre d'argent sur des poulinières que l'on ne tient pas à conserver, c'est de leur faire produire un poulain à quatre ans, un autre à cinq, et de les vendre après le dernier sevrage.

« Le prix d'un poulain de six mois varie de 2 à 400 fr., et celui d'un poulain de dix-huit mois, de 4 à 600 fr. La remonte paie, de quatre à huit ans, de 700 à 1,000 fr.

« Pour ce qui est de la construction des écuries (voir le plan), elles sont en briques, pavées, voûtées, avec mangeoires en pierre bleue, et bien éclairées. Les chevaux sont placés sur un seul rang. Dans la belle saison, les poulains sont élevés en liberté dans des herbages.

« Lorsque les pâtures deviennent sèches, on rentre les chevaux au moment de la chaleur du jour pour leur donner un supplément de nourriture et quelques litres d'avoine.

« Les chevaux de travail consomment, par jour, 12 kil. de fourrage, tels que sainfoin, luzerne, etc., de la paille à discrétion, 8 litres d'avoine en hiver, et 12 litres en été.

« Ils sont étrillés, brossés et nettoyés tous les jours.

« Les travaux de la culture sont faits par des chevaux. On laboure en moyenne, dans la belle saison, 50 ares par jour avec deux ou trois chevaux, selon le terrain et la longueur des sillons.

Taureaux, bœufs et vaches.

« Je n'emploie pas mes taureaux aux travaux des champs. Je les fais boucler avant le moment où ils commencent à saillir; ils restent constamment à l'étable. On les sort à la longe, pour les faire boire et leur faire faire la monte. Depuis 1847, époque à laquelle j'ai adopté cette méthode, ces animaux ne causent plus aucun accident.

« J'engraisse rarement des veaux ; je les vends le plus tôt possible. J'élève les plus belles génisses provenant des meilleures vaches laitières. Ils boivent le lait de leur mère pendant un mois environ ; ensuite on leur donne du lait écrémé plus ou moins pur, selon leur âge, jusqu'à l'époque où on les met à l'herbe.

« La quantité moyenne de lait donné par une vache flamande est de 10 litres, par une normande 9 litres, par une durham-flamande 7 litres.

« Je fabrique du beurre dont le prix moyen est de 3 fr. 10 c. le kilogramme.

« Il faut 30 litres de lait pour faire 1 kilogr. de beurre.

« La traite se fait ordinairement tous les jours, au matin et au soir, et de plus, à midi, chez les vaches nouvellement vêlées.

« Le beurre est battu dans une baratte normande.

« On laisse monter la crème pendant vingt-quatre heures

en été et en hiver, parce qu'il y a un poêle dans la laiterie.

« Les vaches que je vends prêtes à vêler, sont remplacées par les élèves que je fais tous les ans. J'engraisse quelquefois des bêtes qui ne prennent pas de veau. Celles qui sont croisées Durham, s'engraissent facilement sans recevoir une nourriture spéciale. C'est là le seul mérite que je reconnaisse à cette race. Les vaches ne sortent de l'étable que pour aller paitre les prairies artificielles, notamment les regains de luzerne et de sainfoin.

« En été, on leur donne des fourrages verts, du feurre d'avoine et de blé. En hiver, elles consomment des fourrages secs, du feurre d'avoine, des gerbées, les balles de céréales auxquelles on ajoute des carottes et des betteraves hachées ; on ajoute du son pour les laitières.

« Le 18 avril 1847, j'ai acheté, au comice de Grandvilliers, un taureau Durham nommé *Voltaire*, provenant des ventes du Gouvernement. Il fit la monte pendant sept ans. J'élevai un grand nombre de ses produits, et beaucoup de cultivateurs des environs firent comme moi. Les formes de ces jeunes animaux et leur aptitude à un engraissement précoce, plaisaient beaucoup ; mais cette race n'est pas bonne laitière. Cependant les génisses prêtes à vêler, les herbagères étaient recherchées par les marchands.

« La charpente de ces animaux croisés, était bien plus belle que celle de la race picarde. Les veaux gras surtout étaient bien supérieurs à ceux de cette race. Tout mon troupeau était composé naguère de vaches durham-flamand. Je me suis décidé à vendre celles qui donnaient le moins de lait et dont les formes étaient moins belles, pour les remplacer par des flamandes et des cotentines, afin de pouvoir apprécier comparativement ces deux races. Aucune maladie n'est survenue chez mes élèves de l'espèce bovine.

A l'époque de la naissance, je perds quelques veaux. Les trois quarts des vaches ont été vendues de 550 à 500 fr., prêtes à vêler ou engraissées.

« J'élève un taureau et trois génisses de la race bretonne.

— 22 —

« La vacherie est construite et voûtée en briques sur une
profondeur de 10 m. 40 intérieurement. C'est dans ce sens
que les vaches sont attachées par rangées de huit. Elles ont
devant elles, des auges et des râteliers ; chaque place est sé-
parée par une cloison qui laisse toute la longueur du râtelier
libre. La nourriture leur est servie par-devant. (Voir le plan.)

« Toute la vacherie est pavée en briques de champ, et des
conduits sont ménagés pour conduire les urines dans une fosse
à purin. Elle est divisée en quatre compartiments pour les
vaches ; un cinquième est réservé pour les veaux.

« Tous les animaux sont attachés dans le même sens. Un
trottoir est établi derrière chaque rang de vaches, et c'est
par ce trottoir qu'on sert la nourriture aux animaux du com-
partiment voisin.

Béliers, Moutons, Brebis.

« La race métis-mérinos forme la majeure partie de mon
troupeau. Je vise dans ce moment à leur donner à toutes un
quart au moins de sang Dishley, et un quart de sang Mauchamp-Rambouillet. Mes plus beaux reproducteurs sont un
bélier du haut Tingry, premier prix au concours régional de
Beauvais, en 1861, et un bélier Mauchamp-Rambouillet, dont
la toison, exposée à Paris, a été primée en 1860. La moyenne
de mon troupeau est ordinairement de 525 bêtes, y compris
les agneaux.

« A Hétomesnil, la bergerie a 56 m. de longueur sur 9 m. 50 c.
de largeur. Elle est divisée par des cloisons de 1 m. 55 de
hauteur, en six compartiments de la même grandeur et quatre
plus petits. Au milieu, est réservé un passage qui sert pour faire
téter les agneaux à l'époque où on les sépare des mères. C'est
là aussi qu'est placé l'escalier du grenier à fourrages, et que la
tonte se fait. La nourriture ordinaire du troupeau est le trèfle,
le regain de luzerne, la bisaille et la vesce secoués et la ger-
bée. Les mères reçoivent une ration de carottes ou de betteraves mélangées avec la balle des grains. On y ajoute, quelquefois,
un peu d'avoine lorsque l'on bat fort la vesce ou la bisaille.

Dès que les agneaux commencent à manger, on leur donne un peu de gros son avec de l'avoine et une bonne botte de grain ou de bon trèfle pour quinze. Il y a toujours de l'eau dans les bergeries. Dans la belle saison, c'est-à-dire vers la fin de mai, le troupeau est nourri dans les prairies artificielles. Cependant, je ne le fais pas souvent coucher au parc avant la tonte qui a eu lieu vers le 20 juin. Je ne conserve pas les agneaux mâles plus d'un an.

« J'attends que les femelles aient deux ans pour les mettre au bélier. Les agneaux naissent du 15 décembre au 20 janvier, je les sèvre au mois de mai. Une toison de métis-mérinos pèse en moyenne 4 kil., celle des anglo-mérinos de 3 kil. à 3 kil. 750 gr. ; il n'est pas rare d'en obtenir de 6 kil. ; et celle des South-Down-métis-mérinos, 3 kil. Je ne conserve pas de moutons ; je n'ai que des brebis, des antenaises, des agnelles. Les agneaux donnent en moyenne 0 k. 900 gr. d'agnelins.

« Je n'ai pas l'habitude de compter exactement la valeur des nourritures que je donne. Les agneaux mâles sont vendus de 20 à 30 fr., selon les années et l'époque de la vente. Je vends aussi les bêtes que je réforme. On en tue quelques-unes pour la nourriture des ouvriers.

« Le troupeau de ma mère était entièrement composé de moutons picards. J'ai acheté des brebis de cette race choisies parmi celles dont la laine était la moins dure. Je leur ai donné des béliers mérinos et j'ai continué ce croisement jusqu'à la quatrième génération. Ces croisements ont toujours eu d'assez bons résultats ; mais les formes et l'aptitude de l'engraissement des races anglaises, me tenta. Je proposai au Comice de Grandvilliers, d'acheter des béliers des différentes races anglaises entretenues à la Bergerie impériale de Montcavrel que j'avais visitée en 1845. Ma proposition fut adoptée. On acheta des béliers ; on vendit l'année suivante leurs plus beaux agneaux mâles, aux bergers du canton, et on prima les meilleurs.

« Je comparai avec intérêt les produits des trois races différentes, notamment avec les brebis métis-mérinos de mon

troupeau. Les Dishley-métis-mérinos m'ont toujours paru pré-
férables aux autres par leur conformation. leur toison et leur
valeur vénale.

« Dans le troupeau de la commune de Grez, un bélier
Dishley produisit de très-beaux animaux, avec des brebis
picardes.

« Les croisés New-Kent ont une charpente plus osseuse, le
flanc et le cou sont plus longs, l'entretien plus dispendieux ;
mais, ils acquièrent généralement un peu plus de poids.

« Les croisés South-Down viennent moins gros que ceux
des deux autres races ; ils sont plus vifs, plus rustiques, et
leur engraissement est facile et précoce ; mais leur laine est
sèche, se détache facilement, surtout lorsqu'ils ont beaucoup
de sang South-Down. Les toisons ont moins de poids et de
valeur que celles des deux autres croisements.

« J'ai essayé aussi le mérinos Mauchamp. Les produits
étaient plus délicats que ceux des races anglaises ; la laine
était plus belle, plus douce et plus fine, mais la toison n'était
pas assez fermée.

« Je crois que le croisement le plus avantageux pour mon
exploitation, serait celui qui aurait un quart de sang Dishley,
demi-sang mérinos et quart de sang mérinos Mauchamp. C'est
la race constituée à Alfort par M. Yvart.

« En donnant un bélier mérinos à des brebis anglo-mérinos, dont la laine un peu raide tend toujours à s'éclaircir,
j'obtiens des toisons plus tassées sans diminuer sensiblement
la longueur de la mèche. Ces animaux ont assez de nature,
leurs toisons sont déjà recherchées par les filateurs, et elles
le sont encore davantage lorsqu'on donne un bélier Mauchamp-
mérinos, au lieu d'un bélier mérinos.

« Depuis plusieurs années, les laines sont vendues en
moyenne 2 fr. 50 c. le kilogr., et les agnelins 3 fr. 10 c.

« Lorsque mon troupeau était logé dans mes anciennes bergeries, il y avait continuellement du piétin.

« J'étais obligé de donner un aide au berger, quelquefois
plusieurs pour l'aider à panser. Malgré tous les soins et les

divers médicaments qui ont été employés, il y avait toujours
des animaux boiteux, même chez les bêtes anglaises qui y
sont un peu moins sujettes, à cette affection, que les mérinos.
Depuis 1855, mon troupeau est installé dans les nouvelles bergeries; je n'ai plus de brebis boiteuses. Pour prévenir cette
maladie contagieuse, il est très-important de ne pas faire passer les moutons dans la boue et de pouvoir facilement renou-
veler l'air dans les bergeries.

« J'emploie, avec succès, le médicament connu sous le nom
d'eau contre le piétin. Il m'est arrivé quelquefois d'avoir des
agneaux tournis. Je pense que ce sont les rayons du soleil, au
moment des fortes chaleurs, qui occasionnent cette maladie.
Il est prudent, pour la prévenir, de les y soustraire en les
mettant à l'ombre ou en les rentrant dans les bergeries de
onze à trois heures.

Espèce porcine.

« La porcherie est divisée en compartiments construits en
planches, tandis que le bâtiment est construit, pavé et voûté
en briques. Les belles formes des Essex et des New-Leicester
que je remarquai à l'un des concours de Poissy, me déterminèrent à tenter le croisement de ces races avec les animaux indigènes dont ma porcherie était composée. Les produits ne tardèrent pas à être appréciés et recherchés: l'engraissement était bien plus facile et plus précoce. Ces avantages tendent à faire disparaître complétement la race picarde. Cependant, je dus renoncer aux Essex noirs; leur couleur déplaisait. Les croisements Hamskire noirs et blancs
étaient au contraire assez recherchés. Cette race est moins
facile à engraisser que les autres; mais le lard est moins
épais, la viande est par cette raison préférée par les consom-
mateurs. Il en est de même de tous les animaux croisés avec
les différentes races anglaises et françaises.

« J'ai une trentaine de truies dont je vends les produits
au sevrage. Je les engraisse ensuite pour les besoins de la
maison. Dans ces conditions, je trouve les petites races moins

avantageuses que les croisements anglo-français ou les grandes races anglaises. Leurs portées sont moins nombreuses et les porcelets ne se développent pas assez vite ; ils n'acquièrent pas assez de valeur vénale en six semaines ou deux mois, époque ordinaire de leur vente.

« Pour remédier à ces inconvénients, je me procurai la grande race Yorkshire dont j'obtins des résultats très-satisfaisants sous ce rapport. Mais les jeunes animaux de cette race, nourris avec des racines, ne se maintiennent pas en aussi bon état que ceux qui appartiennent aux petites races.

« Chacune d'elle a par conséquent des avantages et des inconvénients. Je donne la préférence aux races ou croisements de taille moyenne. J'observe en ce moment les divers produits de la race Middlesex que je me suis procurée en 1858, chez M. E. Pavie, lauréat du concours de Poissy.

Oiseaux de basse cour.

« Héritier de la passion que ma mère a toujours eue pour les oiseaux de basse-cour, j'observai avec intérêt toutes les races que je rencontrai, et je me les procurai afin de pouvoir les comparer entre elles.

« Ma mère ne se préoccupait que de la grosseur des œufs; elle choisissait les plus beaux pour les soumettre à l'incubation au lieu de prendre ceux de telle race. Pour prévenir l'embarras que donne un trop grand nombre de couvées, elle confiait les œufs à des dindes et elle visait à obtenir cent cinquante poulets du même âge qu'elle faisait conduire par deux mères. Cette méthode d'élevage réussissait très bien.

« La variété la plus répandue dans la contrée, était la poule picarde à crête droite. On pourrait l'appeler la poule du pauvre, car elle n'attend pas qu'une main opulente vienne lui donner sa nourriture; elle voyage pour la chercher.

« Une autre variété, dont le plumage est gris-cendré et la tête ornée d'une huppe, de favoris et de cravate, est très-estimée dans le pays. On pourrait lui donner le nom de poule de Crevecœur, en Picardie, où elle existe depuis longtemps. Il y a très-peu de couveuses dans cette variété dont les œufs sont beaux et la chair excellente.

« La poule de Gournay, dont le plumage est noir et blanc et la crête ordinairement simple, est l'une des variétés les plus productives dans les cours de ferme ; ses œufs sont beaux, sa chair est recherchée ; elle ne couve pas et n'est pas paresseuse.

« La poule de Houdan, dont le plumage est de la même couleur que la précédente, offre les mêmes avantages, mais elle en diffère par la huppe, un cinquième doigt et le peu de longueur de ses pattes.

« La poule de Caux est huppée aussi ; son plumage est également noir et blanc, ses pattes sont plus longues que celles des Houdan. Elle ne couve pas non plus.

« La belle poule noire de Crevecœur est facile à élever ; elle pond de beaux œufs, ne couve pas ; elle s'engraisse bien, sa chair est excellente ; elle voyage peu, surtout lorsqu'elle vieillit.

« La poule de la Flèche est moins précoce que la précédente ; le moindre bruit l'effarouche, elle aime à voyager, à se promener ; ses œufs sont beaux, sa chair est bonne et elle ne couve pas.

« La poule Dorking donne des œufs un peu plus petits que ceux des espèces précédentes ; elle couve et mène bien ses poussins ; elle n'exige pas plus de soin que les variétés les plus rustiques d'une cour de ferme. L'engraissement en est plus facile et la chair en est très-délicate. Son acclimatation a été très-difficile ; j'ai perdu beaucoup de poulets du second au quatrième mois, pendant les deux premières années. La bigarrure de son plumage, ses cinq doigts et ses courtes pattes sont les caractères distinctifs de cette race.

« La race espagnole andalouse ne me paraît pas difficile à élever, s'il est permis d'en juger par quatre poulets qui ont été nourris l'année dernière avec une vingtaine de sujets de races différentes. Ils ont couché dehors pendant les premières gelées. Cependant, je n'ai pas remarqué, comme M. Jacques, que leur crête fût plus sensible au froid que celles des autres coqs. Je ne puis pas encore apprécier leur mérite comme pondeuses.

« La race de Padoue, dont je possède cinq variétés, est plutôt un bel oiseau de fantaisie pour les petites basses cours d'amateurs, qu'une volaille propre à peupler les cours de ferme. Cependant les poules de cette race pondent bien, les œufs sont de moyenne grosseur et la chair est bonne.

« Parmi la variété à plumage chamois, on rencontre souvent des couveuses, tandis que c'est très-rare dans les autres.

« J'ai essayé aussi la race naine Pattu. Elle couve plusieurs fois l'année et soigne bien ses poussins. Cette race ne convient pas aux cours de fermes. Elle peut rendre quelques services comme couveuse chez les ménagers.

« La race naine de Bantam a le mérite d'avoir un fort joli plumage ; mais c'est aussi un oiseau de fantaisie.

« La race nègre a la réputation de couver parfaitement et d'avoir plus de précaution que toutes les autres espèces pour ses poussins. Gérard prétend qu'il doit à cette race, la réussite des couvées de colins qu'il confie aux négresses. La peau noire de ces poules, dont par contraste le plumage est tout blanc, fait éprouver de la répugnance à en manger la chair. N'ayant pas besoin de couveuses, je n'ai pas essayé cette race.

« J'ai aussi éprouvé de l'engouement pour les variétés co-chinchinoises ; mais je ne leur trouve de remarquable que leur grosseur et leur aptitude à couver. J'ai essayé leur croisement avec différentes races, notamment celui d'un magnifique coq cochinchinois blanc, primé au concours d'Arras avec la poule de Gournay, dont le plumage noir et blanc et la crête droite me faisaient penser que j'obtiendrais de fortes volailles de la couleur des mères ; j'eus au contraire toutes volailles noires, dont les œufs sont plus gros que ceux des co-chinchinoises, et la couleur un peu moins foncée. Elles sont presque aussi grosses que les cochinchinoises ; elles ont le mérite d'être bien plus faciles à élever, elles pondent davantage ; elles sont moins paresseuses et je les préfère comme couveuses. Elles ont plus de précaution que les cochinchinoises pures, et elles conduisent leurs poussins plus longtemps.

« Je préfère, dans ces grosses espèces, la race Brahma-Poutra à toutes les autres. Elles pondent de plus gros œufs, les poussins ne sont pas plus sensibles aux variations atmosphériques, que ceux des races indigènes.

« Parmi les races exotiques, c'est elle qui réussit le mieux dans les cours de ferme.

« Il importe de connaître l'âge des poules, car tout le monde sait qu'après leur quatrième année, elles ne pondent plus assez d'œufs pour payer leur nourriture. Les observateurs conseillent, pour faire connaître cet âge, de couper un ongle peu de jours après la naissance ; mais il me répugnerait d'avoir recours à cette mutilation ; je préférerais le tatouage sous une aile.

« Pour conserver les espèces pures, j'ai fait construire des compartiments grillagés dans lesquels j'enferme le plus beau coq et les cinq plus belles poules de chaque race. J'élève environ deux cents poulets chaque année, environ quatre-vingts canards tant normands que de l'Inde, une vingtaine d'oies et environ vingt-cinq dindes, année moyenne, des variétés blanches, grises et noires.

« Les coqs que je ne veux pas conserver, sont soumis à l'engraissement pendant trois semaines et expédiés à la halle de Paris, ainsi que les autres volailles. Dans l'épaisseur de la muraille qui entoure la mare de la cour, des niches sont pratiquées pour que les cannes et les oies y pondent et y couvent.

« L'oie de Guinée pond plus tôt que les autres races ; elles couvent déjà lorsque les autres commencent à pondre.

« L'oie de Toulouse ne couve pas ; on est obligé de confier ses œufs à des dindes ou de les faire couver par d'autres oies.

« Les œufs sont vendus au cours de la halle de Paris.

« Les canards sont vendus de 2 fr. 75 c. à 3 fr. la pièce, les poulets 5 fr. en moyenne, les vieilles poules 2 fr., les oies, de 4 fr. 50 à 6 fr., les dindes 7 fr. en moyenne.

« Je me sers pour les petites couvées de la boîte à élevage de Jacques et de celle de Gérard.

« On donne aux jeunes poulets, des œufs durs écrasés avec de la mie de pain, des criblures de blé et de la pâtée.

« On tient les poulaillers très-propres, afin d'éviter la vermine qui ruine la santé des poussins.

« Les maladies les plus fréquentes chez les poulets, sont le catarrhe et l'ophtalmie. J'emploie les moyens curatifs indiqués par Jacques dans le poulailler *Monographie des poules indigènes et exotiques.*

« Trois cent cinquante poules donnent en moyenne pour 2.000 fr. d'œufs, le prélèvement de la consommation de la maison faite.

Rucher.

« J'ai eu une dizaine de ruches, en moyenne, pendant environ vingt ans ; dans un hiver, elles ont été détruites par des mulots. Non-seulement elles produisaient sans dépenser, mais elles contribuaient à la fécondation des fleurs, en les butinant.

« Les changements que j'ai fait opérer dans mon jardin, m'ont fait ajourner l'établissement d'un rucher.

Comptabilité.

« Tous les ouvriers employés dans les deux fermes, ont un compte ouvert sur un grand-livre, et les à-compte sont portés en partie double sur un agenda. Les recettes sont portées sur un autre agenda.

« Je prends toujours note de la quantité de bottes et de gerbes produites dans chaque pièce de terre.

HÉTOMESNIL.

18 juments de service destinées en outre à la reproduction.

1 cheval de selle et 1 cheval de voiture.

2 juments demi-sang de trois ans.

5 juments demi-sang employées à la batterie.

2 pouliches de deux ans.

3 pouliches et 1 poulain nés en 1859.

2 mules.

24 vaches et un taureau.

16 élèves.

134 brebis pleines.

164 brebis, antenaises, agnelles, béliers.

130 agneaux nés en 1860-61.

35 truies et élèves pour la consommation.

450 coqs et poules.

ROUSSOYE.

6 juments de service livrées en outre à la reproduction.

1 cheval hongre.

2 chevaux hongres demi-sang de 30 mois.

2 poulains entiers demi-sang de 30 mois.

2 pouliches demi-sang, nées en 1859.

4 vaches, 1 taureau et 7 génisses.

40 brebis et béliers

25 agneaux nés en 1860-61.

5 truies, 1 verrat et 12 élèves.

150 coqs et poules.

Pisciculture.

M. Vasselle n'a rien négligé dans son beau Domaine. La pisciculture y est pratiquée dans les limites du possible. Les quatre mares du Domaine ont été empoissonnées, ainsi que celles de la commune. Le frai de carpe y réussit très-bien. Une pêche, faite le vendredi saint, en présence de l'honorable M. de Corberon, Député de l'Oise et Président de la société d'agriculture de notre arrondissement, a prouvé victorieusement que la tentative de M. Vasselle, a été suivie d'un plein succès.

C'est un bon exemple à suivre. Nous le recommandons à MM. les Maires et à tous les propriétaires de mares particulières.

Le produit des mares empoissonnées venant en augmentation aux ressources alimentaires du pays, nul n'hésitera, nous le pensons, à entrer dans la voie que l'on suit à Hétomesnil.

Nous avons dit, ailleurs, que M. Vasselle avait pris des mesures pour que le purin n'allât pas dans les mares publiques.

Quand prendra-t-on des mesures semblables dans toutes les communes? Ce qui se voit encore dans un grand nombre est véritablement incroyable, et cependant cela est.

———

M. Vasselle a élevé un véritable temple à l'agriculture, et dans ce temple les choses se font très-chrétiennement.

Une mère vénérable, qu'une affection grave a durement éprouvée, est le bon génie de ce temple, où l'on pratique toutes les vertus qui honorent l'homme; qui consolent des amères déceptions que l'on éprouve dans la fréquentation de bien des gens auxquels on suppose de bons sentiments.

Le Domaine d'Hétomesnil est une espèce de pélerinage agricole : on y rencontre toutes les notabilités de notre pays, et si l'envie mord quelquefois au cœur de quelques-uns, bon nombre sortent de là pénétrés d'estime pour la vénérable mère qui, malgré son état de souffrance continuelle, accueille tous les visiteurs avec la plus grande bienveillance, qui s'enquiert toujours, avec une paternelle sollicitude, de leurs moindres besoins.

Au fils, on voue une estime toute particulière; en le quittant, on dit : que Dieu vous récompense de vos nobles efforts. Si les hommes n'apprécient pas tous le mérite de vos actes, actes qui exercent une si heureuse influence autour de vous, la reconnaissance de ceux qui aiment sincèrement leur pays vous est acquise. Votre nom restera gravé sur le livre d'or, qui est toujours ouvert pour les existences comme la vôtre, et même pour les dévouements souvent obscurs des soldats de la phalange du véritable progrès.

Encore un mot et notre tâche sera terminée.

Nous avons dit ce que nous avons vu, ce que nous pensons de l'exploitation de M. Vasselle. A notre avis, il y a là un livre ouvert dont chaque page renferme un enseignement précieux.

Les blés, les seigles, semés en ligne, sont magnifiques; le troupeau est de toute beauté; la race porcine est très-remarquable. Il y a des vaches normandes de premier choix. La basse-cour offre le plus grand intérêt.

Dirons-nous que tout est parfait à Hétomesnil? Non: il manque à la ferme une forge, un atelier de charronnage, une pompe à incendie et un bâtiment pour la mettre à l'abri. On a évidemment songé à cela; mais, on tenait sans doute, par prudence, à placer ces constructions en dehors de l'enceinte de la ferme. Ils peuvent être établis, sans danger, à gauche des bergeries, dans une des dépendances de l'ancienne ferme de feu M. Gratien père, homme de bien, mort à un âge très-avancé, après avoir exercé dignement les fonctions de Maire pendant plus de quarante ans. Cette ferme, achetée par M. Vasselle, lui a permis de créer un second jardin, dans lequel il a déjà fait de nombreuses plantations.

M. Vasselle n'est pas seulement un cultivateur hors ligne: c'est un administrateur qui a songé à tout. Ce que nous avons rapporté dans le *Guide vicinal* le prouvera surabondamment.

Dans son beau Domaine, il y a une délicieuse chambre

rose. Pourquoi n'est-elle pas occupée? Notre vœu le plus cher, celui de tous ses amis, c'est qu'elle le soit bientôt. Le fardeau que porte, seul, M. Vasselle est trop lourd. Une compagne, qui aurait ses goûts, contribuerait puissamment à son bonheur; en veillant religieusement à la conservation de toutes les parties de ses magnifiques constructions, elle en rendrait longtemps la vue agréable, et laisserait à ses enfants un noble témoignage des honorables sentiments de leur père.

Le plus beau palais du monde, sans femme, est un corps sans âme.

Cet exposé est la réponse que nous voulions faire à ceux qui nous ont tant de fois interrogés sur M. Vasselle. Le public éclairé appréciera.

A. VITARD.

DOMAINE D'HÉTOMESNIL

Appartenant à M. VASSELLE

Elevation des Bâtiments

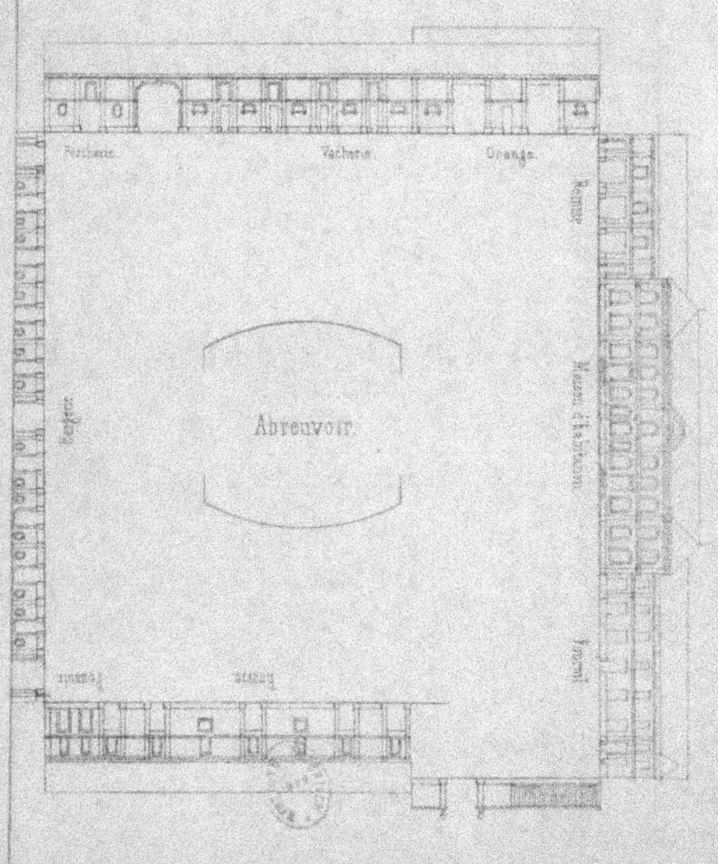

Echelle de six millimètre un quart pour mètre.   Lith. Lallier, Caron fils à Amiens.

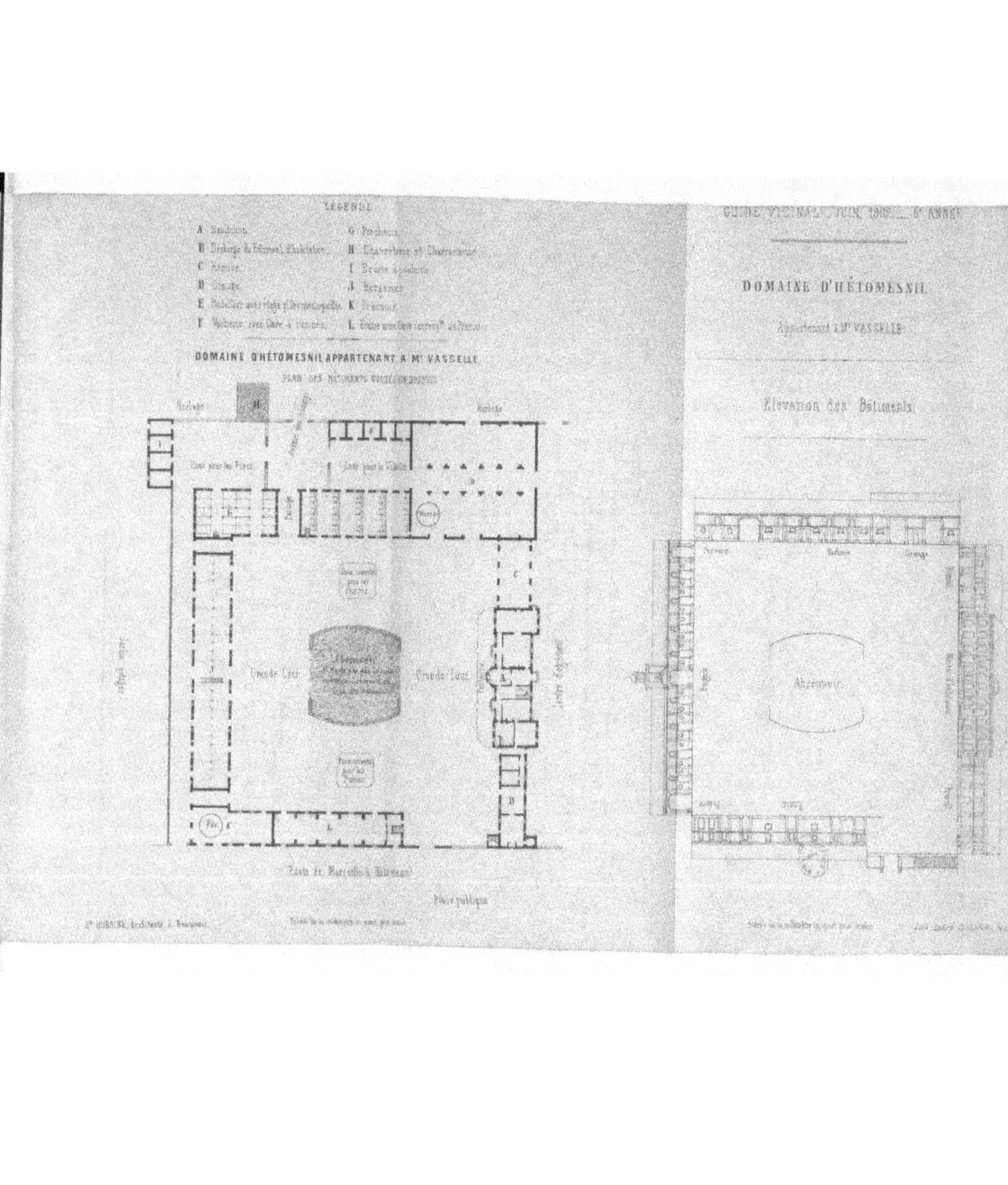
LÉGENDE
A Habitation.
B Bergerie & Manuel d'habitation.
C Écuries.
D Grange.
E Poulailler avec toit à porcs & escalier.
F Vacherie avec Cave à laitage.
G Porcherie.
H Charreterie et Charronnerie.
I Bouverie à poulains.
J Hangars.
K Pressoir.
L Écurie avec Cave à fourrage.
DOMAINE D'HÉTOMESNIL APPARTENANT A M. VASSELLE
PLAN DES BÂTIMENTS
Cour pour les Porcs
Cour pour la Volaille
Grande Cour
Grande Cour
Abreuvoir
Place publique
DOMAINE D'HÉTOMESNIL
Appartenant à M. VASSELLE
Élévation des Bâtiments
Abreuvoir

Collection A. VITARD, rue Saint-Jean, 76, à Beauvais.

BIBLIOTHÈQUE AGRICOLE COMMUNALE.

1° *Manuel populaire de drainage* 1 75
2° *Abrégé de drainage* 0 50
3° *Essai d'agriculture élémentaire* 0 40
4° *Quelques conseils aux hommes qui vivent de leur travail* 0 25
5° *Jurisprudence rurale* . . . . 1 »
6° *Aménagement des eaux* 2 25
7° *Cubage des bois ronds et équarris*, par MM. Baclé et Roche 1 75

Total . . . . 8 »

Le prix de ces ouvrages pris séparément est augmenté de dix pour cent.

Guide vicinal. Manuel pratique des populations rurales, publication mensuelle, A. V., Directeur. Par an 7 20
Traité de la taille des arbres, beau volume, par M. Gressent, à Orléans. Se trouve à Beauvais, chez A. Vitard 6 »
Entretiens familiers d'agriculture, par M. Lefevre-Bréart, à Launois (Ardennes) . . . . 2 »
Le passé, le présent et l'avenir de la vicinalité, appel à MM. les Préfets, Maires et Propriétaires, par M. Ballan 2 25
Code pratique des chemins vicinaux, par M. Grandvaux, Conseiller de préfecture de la Gironde (deux beaux volumes) . . . . 8 »